COMITÉ CENTRAL D'EXPOSITION

NOTICE

SUR LA

CULTURE DU VANILLIER

LA FÉCONDATION DES FLEURS

ET LA

PRÉPARATION DE LA VANILLE

PAR DAVID DE FLORIS

DE LA RÉUNION.

CULTURE DU VANILLIER (1).

Le vanillier est une plante grimpante, qui se plaît dans les régions chaudes et humides. Il y en a deux espèces dans le pays, que l'on distingue facilement : la petite vanille, la plus généralement répandue, est originaire du Mexique et fournit les meilleurs produits, et la grosse vanille, à grandes feuilles larges et épaisses dont les gousses tombent avant d'être parvenues à maturité et sont de qualité inférieure.

Le vanillier se plante de bouture aux pieds des arbres, qui lui servent de tuteurs, ou autour de murs ou palissades abritées.

---

(1) Le vanillier a été introduit à la Réunion en 1817 par M. Marchand, ancien Ordonnateur de la colonie, qui l'importa de Maurice, et c'est à M. Fréon que l'on est redevable de sa propagation dans notre colonie. Il sera aussi très-intéressant d'apprendre que nous devons la découverte de la fécondation de la vanille à Edmond, créole, domestique et jardinier de M. Bellier-Beaumont, habitant de Sainte-Zuzanne, et que c'est particulièrement à cette découverte que l'on doit l'accroissement de la culture de cette plante, jusqu'alors demeurée stérile pour la colonie.

La bouture doit avoir au moins trois nœuds, elle peut être aussi de quatre à cinq nœuds et même plus longue, selon la disposition des tuteurs ou l'abri qu'ils peuvent donner.

« Une plantation de 2,400 boutures, faite chez moi l'année
« dernière, au mois de mai, avec des lianes de dix à douze pieds,
« a donné des fruits dans la même année et se trouve en plein
« rapport en ce moment. Mais je dois dire que ces lianes avaient
« leurs cœurs qui ont continué immédiatement leur pousse. »

Tous les arbres sont bons comme tuteurs, à l'exception de ceux qui changent d'écorce ; les meilleurs sont : le manguier (1), le bois-noir (2), le sang-dragon ou dragonnier (3), le jacquier (4), le ouatier (5), le pignon-d'Inde (6), etc., etc. ... Mais le pignon-d'Inde, par exception, ne peut être planté seul, à cause de la chute de ses feuilles, qui arrive justement à l'époque où le vanillier est en rapport : le soleil, frappant alors sur les vanilliers et ses gousses, nuit considérablement aux uns et aux autres. Il est donc convenable de planter le pignon-d'Inde entre le sang-dragon, le ouatier ou d'autres arbres, dont les feuilles peuvent servir à l'ombrager ainsi que le vanillier, auquel il ne sert de protecteur que pendant un certain temps de l'année.

Les arbres tuteurs doivent être plantés à cinq pieds sur quatre de l'est à l'ouest, ou à six pieds sur cinq, selon l'espace de terrain plus ou moins considérable dont on dispose. Ils pourraient même être plantés à six pieds sur six, ce qui donnerait plus d'air à la plantation.

« Le système de cinq sur quatre, celui que j'ai adopté dans
« mes nouvelles plantations en sang-dragrons, est celui auquel
« je donne la préférence. Il devient alors essentiel de faire cou-
« rir les lianes d'un arbre à l'autre, de l'est à l'ouest, pour éviter
« leur trop grande agglomération sur le même tuteur, et de
« planter un fort piquet entre les arbres, de manière à bien
« assujettir les lianes et à éviter les secousses que pourrait
« occasionner le vent et la chute des branches sur les lianes
« entrelacées ; cet accident peut être évité, si on a soin d'éla-
« guer souvent. »

---

(1) *Maugifera indica,* **L.**
(2) *Acacia lebbek,* **Will.**
(3) *Dracœna draco,* **L.**
(4) *Artocarpus integrifolius,* **L.**
(5) *Bombax malabaricum,* **D. C.**
(6) *Jatropha curcas,* **J.**

Pour les vanilleries déjà formées et dont les tuteurs sont plus distancés, il faut faire descendre les lianes lorsqu'elles ont atteint une hauteur trop considérable, les enrouler ou *glainer* jusqu'à hauteur d'homme sur leurs fourches naturelles, ou bien encore en mettant de forts taquets aux arbres qui n'en ont pas, afin de tenir ces lianes toujours à portée de bras pour faciliter la fécondation. Il arrive cependant que quelques fourches se trouvent plus élevées, ce qui nécessite l'emploi d'échelles.

Les mois reconnus les meilleurs pour la plantation sont mars, avril et mai. On peut néanmoins profiter des mois de septembre, octobre, novembre et décembre, en ayant soin d'arroser les plants s'il faisait trop sec à ces époques.

Les arbres tuteurs doivent donner assez d'ombre avant de recevoir les plants. Dans le cas où l'on serait dans la nécessité de planter avant que les arbres donnent un ombrage suffisant, il faudrait faire entourer ces plants avec les feuilles du palmiste de préférence, et les faire arroser plus souvent que s'ils avaient leur abri naturel. Ils doivent être mis en terre du côté opposé au soleil afin d'en éviter l'ardeur.

Plus la bouture est longue, plus on doit mettre de nœuds en terre :

Un nœud lorsque la bouture en a trois, deux lorsqu'elle en a quatre, et quatre à cinq nœuds lorsque vous plantez de grandes lianes.

Ces boutures doivent être mises couchées en terre, les vrilles (*pattes* ou *accroches*) du côté de l'arbre, et être assujetties avec une, deux ou plusieurs ligatures plates, selon leur longueur.

Il faut éviter de se servir de fil rond, qui finirait par étrangler la plante. La feuille de vocoa est l'amarrage qui convient le mieux.

Si le sol est sec ou médiocre, il est bon et même indispensable de se servir de terreau pour faire la plantation. Le fumier serait nuisible.

Les jeunes plants avec racines, par exception, peuvent être plantés au fumier, pourvu cependant qu'il soit bien pourri.

L'angrais végétal, moins chaud, composé de feuilles de bois-noir ou de toutes autres feuilles grasses, est aussi très-bon, même préférable ; mais il faut aussi qu'il soit bien pourri, les racines du vanillier, et particulièrement les nouvelles, étant fort tendres et délicates.

L'arrosement dans les premiers jours après la plantation est toujours de rigueur, surtout dans les localités sèches.

Les plants mis en terre dans le fort de l'hiver languissent, perdent leurs cœurs et périssent souvent.

La terre est foulée sur chaque plant après avoir été bien arrosée, pour éviter l'action de l'air, qui est très-nuisible.

Si la plantation du vanillier se fait sur un terrain avoisinant le littoral, il est nécessaire de bien l'abriter contre l'air salin, qui brûlerait la plante, la rendrait pauvre ou chétive.

L'élagage des arbres tuteurs est fait de manière à conserver un demi-jour pour avoir autant de soleil que d'ombre, et même plus de soleil.

Les gousses trop ombragées sont longues, molles et minces et difficiles à mûrir ; tandis qu'au contraire, lorsquelles sont exposées convenablement au soleil, elles sont grosses, rondes, fermes, et contiennent beaucoup plus d'arome.

Dans les accidents de terrain, le côté du couchant est préférable, afin que le vanillier ne soit point exposé au vent et qu'il reçoive plus de chaleur.

Un entourage de roches à chacun des arbres qui servent de tuteurs est indispensable pour retenir le fumier, qu'on couvre ensuite de moyennes roches plates pour en éviter l'évaporation, tenir la fraîcheur aux pieds, empêcher les eaux pluviales de mettre les racines à nu, et pour éloigner les animaux.

Le fumier placé sous les rochers est renouvelé une fois par an, un peu avant la floraison.

Les boutures peuvent être mises en semis dans un endroit labouré et peu ombragé, à la distance de cinq à six pouces l'une de l'autre et à côté de piquets protecteurs sur lesquels la pousse nouvelle grimpe avec activité.

FÉCONDATION DES FLEURS.

Dans la fleur de la vanille, l'organe mâle est séparé de l'organe femelle par une pellicule qui empêche la fécondation naturelle. Il faut alors, après que la fleur est complètement épanouie, soulever avec un petit instrument cette pellicule, et, par une légère pression du pouce et de l'index, favoriser la communication des deux organes.

La fécondation s'opère depuis huit à neuf heures du matin

jusqu'à trois heures de l'après-midi et peut se prolonger jusqu'à quatre et cinq heures ; mais les gousses tardivement fécondées n'acquièrent jamais la longueur et la grosseur de celles fécondées en temps opportun.

L'instrument dont on se sert pour cette opération est ordinairement de trois à quatre pouces, aminci et arrondi dans un des bouts. Il ne faut pas qu'il soit ni tranchant, ni triangulaire : il blesserait alors les organes de la fleur ou ferait tomber le pollen (poussière collorée de l'anthère), ou bien encore couperait l'organe mâle.

Les cotons ou *nics* (selon le terme que nous employons) du palmiste, du latanier, du cocotier, servent de préférence d'instruments pour la fécondation. Après s'en être servi et afin de les retrouver chaque matin, on les fiche dans les feuilles du vanillier.

On se sert d'échelles légères pour aller féconder les fleurs que les mains ne peuvent atteindre.

Les organes de la fleur ne doivent pas être fortement pressés, et cette opération doit être toujours faite avec beaucoup de soins, par des doigts bien exercés.

Les fleurs du vanillier commencent à paraître depuis juin et se fécondent jusqu'en septembre.

Dans les régions élevées et plus froides, les fleurs paraissent et les gousses mûrissent plus tardivement.

Il faut féconder les premières fleurs de préférence et ôter les autres, après qu'on s'est bien assuré que les cinq ou six gousses qui doivent être conservées sont bien prises.

On laisse donc ordinairement cinq ou six gousses sur chaque grappe, lorsque le vanillier est bien chargé de fleurs, si l'on veut obtenir de beaux fruits. Mais il arrive quelquefois qu'une belle liane ne rapporte que quelques grappes : on peut, dans ce cas, féconder huit ou dix fleurs et même douze, l'arbre pouvant nécessairement nourrir plus de fruits.

RÉCOLTE.

La récolte de la vanille se fait lorsque les gousses ont atteint leur degré de maturité. On reconnaît que la gousse est mûre lorsque sa queue commence à jaunir ; et lorsque les gousses prennent une teinte jaunâtre, il ne faut pas différer plus longtemps de les cueillir.

Les gousses cueillies trop vertes sèchent difficilement, sont sujettes à la moisissure, et pourrissent quelquefois lorsque le temps est trop humide. Il y en a même (les plus vertes) qui deviennent blanches et ne sont alors propre à rien.

Il importe donc de veiller à la cueillette et de la faire faire par des personnes intelligentes.

La récolte se fait tous les deux ou trois jours pour éviter que les gousses plus avancées ne se fendent. Il arrive néanmoins, et malgré cette précaution, qu'on en rencontre quelques-unes, soit qu'elles aient été oubliées, soit qu'elles aient été cachées sous des feuilles : ces dernières gousses, qui resteraient inaperçues, se retrouvent bientôt par l'odeur suave qu'elles exhalent.

Les gousses fendues sont ordinairement les plus belles et les meilleures, mais il faut pour les souder (réunir les deux valves) faire une opération minutieuse : on trempe la partie fendue dans de l'eau tiède, et on l'entoure de bandelettes de toiles serrées assez fortement.

Ainsi préparées, ces gousses se suspendent en l'air au moyen des mêmes bandelettes qui servent à les serrer, et se sèchent parfaitement.

On peut même, après que la partie fendue est soudée, passer à l'eau chaude la partie haute, qui ne se fend que rarement, pour en activer la dessiccation.

Les bandelettes sont serrées deux ou trois fois, au fur et à mesure que les gousses diminuent en se séchant.

Quoique supérieures en parfum, par cela même qu'elles ont atteint leur dernier degré de maturité, ces gousses soudées, devenues rondes par la pression des bandelettes, ne sont pas aussi appréciées par le commerce, peu habitué à en avoir de semblables.

Les bandelettes sont mises à plat, elles servent pendant plusieurs années.

La gousse, pour être cueillie entière, est saisie à la crosse, et on la détache de la grappe en la poussant de côté et assez fortement.

Quelques personnes prennent la gousse par le milieu ou par la queue en l'attirant vers elles ; il arrive alors que la vanille se casse et que souvent la grappe entière se détache avec des gousses vertes encore.

D'autres aussi récoltent la vanille en la coupant avec les ongles ;

mais alors la crosse, n'existant plus, empêche l'uniformité des paquets et occasionne des difficultés pour la vente.

Sur la fin de la récolte, les dernières gousses mûrissant en même temps, la grappe entière peut être récoltée.

PRÉPARATION DES GOUSSES.

A chaque cueillette, après que les gousses ont été détachées des grappes et mises dans un panier, ce panier est plongé pendant 18 à 20 secondes dans une chaudière d'eau chaude, *mais non bouillante*. Pour les vanillons, il convient de les échauder séparément, mais seulement pendant 15 secondes. Pour s'apercevoir si l'eau est parvenue au degré de chaleur voulu, il faut pouvoir y tremper son doigt et la sentir fortement, ou saisir le moment où elle jette une fumée épaisse et qu'elle commence à produire un certain bruit, ce qui arrive un peu avant que l'eau ait atteint son degré d'ébullition.

Ensuite, prenant les gousses contenues dans le panier, on les dépose immédiatement sur des herbes sèches, des nattes, gonis ou saisies, pour être égouttées.

Un quart d'heure environ après cette opération, elles sont exposées au soleil pendant six à huit jours, ou même quelques jours de plus, suivant le temps, sur des tables préalablement garnies de couvertures de laine, jusqu'à ce qu'elles deviennent brunes et flétries.

Tous les soirs, on les ramasse dans des caisses également doublées en laine, pour qu'elles y soient étuvées.

Devenues flétries et brunes après l'exposition voulue au soleil, elles sont déposées à l'ombre dans un local aéré et sur des tablettes encore garnies de couvertures de laine, afin d'en hâter le séchage, d'empêcher la moisissure, et afin surtout qu'elles puissent conserver, quoique sèches, la souplesse exigée par le commerce.

Ces gousses restent sur des tables jusqu'à dessiccation.

Pendant qu'elles sont au soleil, à deux ou trois heures de l'après-midi, alors qu'elles sont encore chaudes, il est nécessaire de les presser assez fortement entre les doigts pour les aplatir un peu, et faire étendre également et régulièrement dans la gousse l'huile essentielle et la semence, qui sont en plus grande abondance dans sa partie basse, pour la rendre souple et plus lustrée et, enfin, plus propre au commerce, qui la veut ainsi préparée. Cette opération se fait quelques jours après leur exposition au soleil, alors qu'elles sont assez flétries, mais toujours avant leur dépôt au séchage.

On reconnaît facilement que les gousses sont sèches lorsqu'elles sont noires ou plutôt couleur chocolat, et qu'il n'y reste aucune humidité particulièrement à la crosse, partie qui sèche toujours en dernier lieu.

Les gousses sèches sont choisies et mises dans des boîtes en fer-blanc où elles arrivent à leur degré de parfaite dessiccation et de souplesse.

Ce travail est exécuté tous les deux ou trois jours et devient quelquefois nécessaire tous les jours, selon le nombre d'hommes qu'on y emploie et surtout à la fin de la récolte.

Elles sont ensuite mises en paquets, et, afin que ces paquets soient de même longueur, il faut nécessairement opérer sur une assez grande quantité de gousses sèches.

Les paquets sont faits de cinquante gousses et liés au centre, et mieux, un peu plus bas du côté des queues, qui s'ouvriraient sans cette précaution.

On se sert, pour lier les paquets, de fil de rabane, fil sec, souple et fort.

EMBALLAGE.

L'emballage se fait dans des boîtes en fer-blanc, confectionnées suivant la longueur des gousses et la hauteur des paquets qui doivent y être contenus. Chaque boîte contient soixante paquets ou six rangs de paquets superposés.

Cet emballage, conforme à celui du Mexique, est réclamé par le commerce.

Les boîtes en fer-blanc sont recouvertes d'une étiquette indiquant le nombre des paquets, la longueur des gousses, leur poids net, et la tare des boîtes. Elles sont ensuite (si on veut les expédier en France) arrimées dans une caisse en bois, juste pour les contenir ; et, pour les garantir de la rouille, il est convenable et même nécessaire de les entourer de sciure de bois.

GIVRE.

Le givre (cristaux blancs et brillants d'acide benzoïque) se forme sur les gousses lorsqu'elles sont renfermées dans des vases bien clos après trois ou quatre mois d'emballage.

Plusieurs négociants demandent de la vanille givrée de préférence ; d'autres ne semblent pas y tenir ; d'autres encore demandent, lorsqu'elles arrivent fraîchement en France, le moyen de la faire givrer avant de l'exposer en vente.

Il ne nous appartient pas, je pense, de juger cette question, assez délicate, ni d'empêcher le givre de se former naturellement sur les gousses, à moins peut-être de se servir de procédés qui nuiraient nécessairement à la beauté des gousses ou à leur parfum.

Pour celui qui fait une assez grande quantité de vanille, il convient d'avoir, pour l'exposer au soleil, de grandes tables à piquets en terre, sur lesquelles on fait faire facilement de légères charpentes en gaulettes ou petits bois, afin de pouvoir y appliquer, en cas de pluie, des toiles cirées ou peintes.

La vanille, après avoir été séchée, donne environ le cinquième.

Une vanillerie qui produit 5oo kilos peut être entretenue, selon mon appréciation, par dix engagés, qui, bien exercés, suffiraient à la fécondation des fleurs. Il arriverait même que ces engagés pourraient être souvent employés à d'autres travaux dans le cours de l'année. Les vanilleries se renouvellent tous les huit ou dix ans. Ceci au reste dépend de la grandeur des boutures plantées, et aussi des localités où elles ont été formées.

Il est encore une foule d'autres détails qui peuvent être observés ; mais je crois pouvoir me dispenser de les indiquer, ces quelques notes contenant l'essentiel à savoir pour obtenir de bons résultats.

EXTRAIT D'UNE LETTRE

DE M. PHILIBERT VOISIN,

BOTANISTE DU GOUVERNEMENT.

. . . .
. . . .

« Aux judicieuses prescriptions de M. David de Floris, j'ajouterai seulement deux autres que je ne négligerai pas dans cette culture ; ce sont celles-ci :

« 1° Les boutures de vanilliers doivent avoir au moins un mètre de longueur, dont les 2/3 couchés dans une rigolle ou sillon de 7 à 8 centimètres de profondeur, rempli de bon terreau léger, et l'autre tiers hors de terre, appuyé et attaché sur le tronc de l'arbre tuteur. Ce sillon sera dirigé de l'est à l'ouest ;

« 2° Les arbres tuteurs doivent être revêtus d'une écorce tendre, épaisse et charnue, susceptible de se couvrir de petites fougères, de lichens et de mousses, tels que calebassiers, ouatiers, flamboyants, etc. Les arbres à écorce épaisse et tendre permettent aux lianes de vanillier d'attacher plus facilement leurs vrilles ou suçoirs dans leurs écorces, et d'y puiser une nutrition plus abondante que dans les écorces minces et sèches, telles, par exemple, que celles des palmiers. La sève des arbres térébinthacés, apocynés, ombellifères, etc., est répulsive au vanillier.

« Les arbres qui doivent servir de tuteurs au vanillier doivent être branchus, feuillus et bas, afin de protéger le vanillier des fortes chaleurs du soleil, et de permettre la fécondation des fleurs, dont une partie reste souvent stérile par les fausses étamines qui, alors, sont dépourvues d'anthères et de pollen séminal. »

LETTRE DE M. MICHELY

SUR LA CULTURE DU VANILLIER.

« Habitation des Allées (Ile-de-Cayenne), 26 avril 1874.

« *A Monsieur le Président du Comité central d'exposition de la Guyane.*

« Vous m'avez fait l'honneur de me demander, au nom du Comité central d'exposition, de vous faire connaître le résultat de mes observations sur le vanillier à l'état sauvage, sur sa culture dans le pays, si c'est réellement un insecte qui aide à la fécondation de sa fleur dans les lieux où il croîtrait à la Guyane à l'état sauvage, de donner le nom de ce bourdon et sa description ?

« Le vanillier est indigène à la Guyane. Pour s'en convaincre, il suffit de parcourir les forêts vierges de certains cantons de la colonie, où cette plante croît de préférence, tel que le Montsi-néry, où l'on voit le vanillier grimpant sur une multitude d'arbres. Là, j'ai eu tout le loisir d'en distinguer trois variétés : la petite espèce portant sur toutes ses branches des grappes très-garnies de fruits de cinq centimètres seulement de longueur ; cette espèce est commune près des bords du Malmanoury où la plante vit de préférence sur le couronnement des palmiers bâches, trouvant de l'humus pur dans l'engainement des larges branches de ce palmiste. La moyenne et la grosse espèce sont plus connues. J'ai constamment remarqué que les vanilliers qui se trouvaient à l'ombre des grands bois ne portaient que fort peu de fruits sur des rameaux isolés, tandis que ceux qui crois-saient sur les lisières ou dans les clairières étaient suffisamment pourvus de fruits. Mais mon admiration a été vivement excitée à la vue de ceux qui serpentaient en plein air sur des chicots et de jeunes arbustes, dans les abattis abandonnés. Les ramifica-tions peu nombreuses encore avaient fructifié presqu'à l'aisselle de chaque feuille. La tête des arbustes les protégeait suffisamment sans arrêter l'accès des rayons inclinés du soleil.

« Par suite de ces remarques et d'autres que je ferai connaître plus bas, j'ai dû m'arrêter sur un point qui m'a paru décisif pour le succès de la culture de deux plantes grimpantes, le vanillier et le poivrier : C'est le choix d'un tuteur qui eût à remplir toutes les conditions favorables. J'ai été appelé à faire le choix de ce tuteur, après la constatation de tous les inconvénients qu'ont présentés ceux que l'on avait employés jusqu'alors : manguiers, jacquiers, acajou, immortel, etc., etc., tous arbres trop vigoureux que le cultivateur ne peut maintenir à l'état convenable que lorsqu'ils sont jeunes. C'est aussi pendant la première période de croissance de ces protecteurs que j'ai vu les protégés fructifier en abondance. Mais bientôt les tuteurs grossissant, envahissaient par leurs énormes racines chevelues bien au delà du terrain occupé par les plantes parasites ; c'est en vain que l'on verse du terreau au pied de la plante grimpante, on y voit poindre en peu de temps les racines chevelues du formidable tuteur. D'un autre côté, les pousses rapides et trop nombreuses, puis la taille et l'élagage se multipliant avec l'âge plus avancé des arbres protecteurs, font passer la plante sarmenteuse brusquement d'une ombre trop fournie à l'action d'un rayonnement subit de chaleur et de lumière.

« Ce sont là les causes de déception qui ont empêché les habitants de continuer à se livrer à la culture de ces deux plantes précieuses ; je pourrai vous citer ceux qui ont éprouvé ces déceptions : le général et le colonel Bernard, pour le poivrier ; le sieur Trillet, pour le vanillier et le poivrier qu'ils cultivaient tous sur une grande échelle. Les frères Bernard faisaient chacun vingt-cinq et trente mille francs de produits de leurs jeunes plantations, et pourtant ils ont été obligés plus tard de tout abandonner.

« Le tuteur par excellence, sur lequel a porté mes expériences, est le mûrier des îles Philippines, à feuilles larges de 15 centimètres, dont j'ai conservé des sujets. Je me suis servi pour y faire grimper le vanillier de quelques arbres en lignes faisant partie d'une plantation de huit hectares de mûriers qui ont forcément disparu indépendamment de ma volonté. Au souvenir de la belle venue des tuteurs et des protégés, je suis autorisé à affirmer que le capitaliste qui voudrait se créer une plantation à l'aide du mûrier, serait sûr de réussir, s'il évitait toutefois les terrains sablonneux *et les terres glaises. Les ramifications de cet arbuste se prêtent favorablement à la taille en éventail.* Planté en ligne, il envoie des branches qui peuvent être entrelacées d'un arbre à l'autre. Si l'on supprime toutes celles qui tombent vers les allées, les plantes grimpantes trouveront à s'étaler librement sur une palissade solide, aérée, suffisamment ombragée et qui s'arrête tout naturellement à une hauteur convenable que l'on peut régler à volonté. Mes mûriers ont plus de dix ans, ils ne laissent pas moins le terrain libre autour même de la tige ; ils ont en outre l'inappréciable avantage de venir rapidement de bouture.

« Quant aux poivriers et aux vanilliers, c'est encore un tort d'enfoncer les boutures verticalement ou même en leur donnant une inclinaison ; la partie enfouie reste sans utilité pour le bourgeon, qui seul produit des racines ; il reste misérable, quelle que soit la fertilité du sol. Il faut coucher la bouture et non l'enfoncer ; dans cette position, les racines poussent dans les entre-nœuds et donnent une grande vigueur à la plante. Cette remarque recommande tout naturellement l'emploi de boutures qui ne doivent pas avoir moins de 5o à 6o centimètres de longueur.

« Nos mois les plus favorables pour la plantation des vanilliers, comme pour toutes les plantations en général, soit de graines, de boutures ou de plants, sont décembre et janvier. Si l'on plante plus tard, les pluies qui tombent pendant ou vers le mois de mai donnent la chlorose aux jeunes sujets. J'ai bien remarqué que le vanillier est très-avide d'humus, qu'il lui en faut toujours, soit celui provenant de feuilles entassées ou des troncs d'arbres pourris, tandis que le poivrier se contente de la fertilité du sol, bien qu'il soit reconnaissant du terreau qu'on lui donne.

« A Cayenne, on prépare la vanille à l'aide de l'eau chaude, comme l'enseigne M. de Floris, dans la notice insérée dans le Moniteur officiel du 21 mars. Mais j'ai reconnu par expérience que ce mode de préparation diminue le parfum de la gousse et la prédispose à la moisissure. J'ai eu occasion d'en préparer à Montsinéry, où j'ai pu les cueillir en bonne maturation. Dès le premier jour, j'ai lié les deux bouts et le milieu des vanilles, chaque vanille séparément, et je les ai exposée au soleil du matin et de l'après-midi. Dès que les fruits commençaient à se flétrir et à prendre une teinte brune, je les frottais légèrement d'huile d'olive reconnue pure ; si je les humectais d'un peu plus d'huile, les gousses se desséchaient davantage. Chaque soir, j'avais soin de les suspendre. Par ce procédé, j'ai obtenu de la vanille d'un tel parfum que c'est l'acheteur qui m'a offert un prix supérieur à celui que j'aurais demandé.

« Maintenant je dois répondre aux questions relatives à la fécondation de la fleur du vanillier à l'état sauvage.

« J'ai remarqué depuis *longtemps* l'incroyable activité des insectes butineurs qui vont de fleur en fleur et en sortent les deux palettes chargées de pollen, après s'être gorgés d'eau miellée qui se trouve dans le sein de ces gracieuses productions ; mais j'ignorais à l'époque de mes observations qu'ils eussent pour mission de soulever le voile qui cache les organes sexuels de notre pudique orchidée. Ce suc, ils le trouvent dans toutes les fleurs dont le tube allongé soustrait les étamines au contact de l'air. Il est bien probable que le suc qui s'y trouve déposé soit une prévoyance du Créateur, un moyen d'attirer ces insectes qui, par leur travail actif, soulèvent, bouleversent la poussière fécondante et la portent sur le pistil. Les colibris et les oiseaux mouches se livrent aussi à leurs ébats autour de ces fleurs et partagent, avec les moucherons, l'agréable et utile mission de leur fécondation, en plongeant et replongeant sans cesse leurs frêles pompes dans le calice jusqu'à son épuisement.

« Ce travail se fait aussi dans les labiées, les papillonnacées, les cactées. Les fleurs de cette dernière famille se ferment pendant le jour, tandis qu'elles s'épanouissent radieuses pendant la nuit. Peu de personnes connaissent la beauté de la fleur du cactus ? splendide la nuit, mais se pelotonnant le jour, de telle sorte que les insectes sont obligés d'en forcer l'entrée pour y puiser l'abondante miellée qu'elle distile.

« Quoi qu'il en soit, il est facile d'établir près de la plantation de vanilliers ces horticulteurs ailés, producteurs de miel. Ces insectes butineurs par excellence appartiennent au genre des *melipones*, dont je connais neuf variétés, toutes sans aiguillons, variant de taille de un à sept centimètres, de couleurs vert-pâle, jaune rayé, châtain, brune, noire. Sur les bords du Malmanoury, j'avais découvert une ruche très-peuplée dont les habitants étaient d'un beau bleu de ciel et, chose singulière, le miel que j'en ai retiré avait la même couleur, mais plus pâle, d'ailleurs limpide, exquis comme le sont les productions de cette famille. Quand on sait extraire le miel, alors que le pollen renfermé dans les outres de cire est complètement remplacé par le miel pur, parfumé, sans comparaison avec celui d'Europe, on trouve souvent les rayons remplis de cristaux transparents. Mais bien souvent aussi on gâte le miel en éventrant la ruche.

« Dans l'intérêt de la culture du vanillier, je dois dire comment on peut se procurer ces ruches. J'en possédais un bon nombre composé de cinq variétés, de mœurs pacifiques, se prêtant parfaitement à la domestication. Ces mélipones s'établissent dans les troncs d'arbres qui ont des parties creuses d'une certaine étendue ; c'est dans les anciens palétuviers qu'on les trouve en plus grand nombre.

« Pour se rendre possesseur d'une ruche, l'arbre étant abattu, on entaille à trente centimètres au-dessus et au-dessous du creux coupé par les mouches. A huit centimètres au-dessous du trou d'entrée, on pratique un trait de scie presqu'à mi-bois et on fend avec des coins la partie inférieure réservée aux ouvriers qui y construisent les rayons destinés à renfermer le miel. On se ménage ainsi la faculté d'ouvrir la ruche sans violence, chaque fois qu'on veut en extraire le miel. La partie supérieure au-dessus du trou d'entrée ne doit pas être fendue, c'est la demeure de la reine et des bourdons qui la fécondent ; c'est le berceau des générations naissantes et à naître. Pendant toutes ces opérations, on ferme le trou d'entrée, afin d'empêcher la fuite de la reine qui, dépourvue d'ailes, si elle s'échappait de la ruche, n'y pourrait plus rentrer. On doit par prudence laisser la ruche quelques jours au même endroit et l'enlever le soir lorsque toutes les ouvrières sont rentrées. D'autres variétés construisent leurs ruches de toute pièce, soit en carton, d'une énorme dimension, soit en ciment et gravier. La plus grosse espèce cache son produit dans un terrier.

« Qu'il me soit permis de m'éloigner un peu des questions qui m'ont été posées pour signaler à l'attention du Comité une très-grosse espèce de mélipones qui tend toujours à peupler les boiseries doubles des maisons d'habitations. Dans cette disposition, le vide entre les boiseries se trouve divisé par le bois de charpente en compartiments qui facilitent leur établissement, qui s'opère successivement sur une grande étendue et très-rapidement. Je dois en dire la cause. Les reines des abeilles en Europe naissent avec des ailes ; aussitôt qu'elles sont nées, elles prennent leur vol, quittent la ruche-mère en lui enlevant une partie de la population des ouvrières qui s'empressent de créer une autre colonie à leur nouvelle reine. Les reines de nos melipones naissent sans ailes et se trouvent dans l'impossibilité d'émigrer ; elles vont occuper un des compartiments vides attenant à la ruche-mère et s'y établissent avec les nouveaux essaims qui naissent avec elles. Aussi l'essaimage qui affaiblit les ruches d'abeilles, favorise au contraire la croissance de la population des melipones à un tel point que j'ai vu retirer 36 litres de miel d'un seul essaim à l'Orapu, 24 litres à l'habitation Mahury, et que le charpentier qui a détruit une ruche au presbytère de Rémire m'a dit en avoir retiré environ 18 litres. De pareils producteurs sont dignes de trouver des protecteurs zélés.

« Puis-je terminer par un dernier trait sur les mœurs des melipones ? Les bourdons sont plus petits et portent une autre livrée que les ouvrières. Ils naissent pour courtiser la reine et la féconder. Ce sont d'avides consommateurs qui, tout à leur mission, ne produisent pas de miel. Quand les laborieuses ouvrières s'aperçoivent que l'approvisionnement diminue, elles s'emparent des bourdons, leur coupent les ailes et jettent ces fainéants parasites hors de la ruche ; elles ne laissent près de la reine qu'un nombre plus modéré d'adorateurs.

« Veuillez agréer, Monsieur le Président, etc.

« Signé ALEXFORT MICHÉLY. »

LETTRE DE M. MÉLINON,

COMMANDANT SUPÉRIEUR

DE LA COLONIE PÉNITENTIAIRE DU MARONI,

AU SUJET DE LA CULTURE DU VANILLIER.

« Saint-Laurent, le 4 mai 1874.

« Monsieur le Gouverneur,

« J'ai lu avec attention l'article publié dans le Moniteur de la Guyane du 21 mars, n° 12, sur la culture du vanillier, la fécondation des fleurs et la préparation de la vanille, par M. David de Floris, de la Réunion.

« Je n'ai que quelques observations de détail à ajouter à ce traité pratique et complet sur la culture du vanillier ; elles résultent surtout de la différence des climats de la Réunion et de la Guyane et d'espèces particulières du genre vanilla cultivées dans ces deux colonies.

« La vanille introduite à la Réunion par M. Marchand appartient à l'espèce vanilla-planifolia (Andre), originaire du Mexique.

« La vanille que nous cultivons ici appartient à l'espèce vanilla-aromatica (Swartz), originaire de la Guyane et du Brésil.

« La culture de cette dernière espèce est négligée à la Réunion, parce que les gousses tombent souvent avant d'être parvenues à maturité et qu'elles sont de qualités inférieures aux premières ; cette espèce condamnée par M. de Floris, sous le climat de la Réunion, est, au contraire, celle que nous cultivons avec plus de succès à la Guyane.

« La vanilla planifolia (Andre), originaire du Mexique, a été introduite ici des Antilles par M. Leprieur, elle ne fleurit même pas à Saint-Laurent, où je l'ai cultivée pendant huit ans, sans résultat.

« En signalant cette différence entre les deux espèces de vanilles, l'une cultivée à Bourbon, vanilla-planifolia, et dans l'archipel indien, où elle a été introduite de 1830 à 1835 par l'Angleterre, et l'autre, vanilla-aromatica, cultivée à Cayenne, où elle est originaire, j'ai voulu éviter des mécomptes aux personnes qui croiraient, possédant les deux espèces, devoir choisir la première.

« Tout ce que dit M. de Floris sur le bouturage, l'orientation des treilles, le choix des angrais, du sol et des tuteurs, tout cela est applicable, juste et pratique pour la Guyane, sauf quelques nuances de détail que la différence des lieux nécessite et que la pratique enseigne. Ainsi la préparation du sol est importante : à Bourbon, le plus souvent, il faut le défendre contre la sécheresse, chez nous, en Guyane, même pour l'espèce indigène, c'est contre l'humidité stagnante du sol qu'il faut se garder, en établissant sur drains faits en petites pierres, ou en tessons de 0^m15 à 0^m20 d'épaisseur, aboutissant à un écoulement quelconque, le fond sur lequel on dresse la plate-bande en terreau végétal dans laquelle la bouture doit être enterrée horizontalement aux deux tiers de sa longueur, et à plat, une bouture jusqu'à deux mètres n'a pas trop de longueur. On comprend cependant qu'on ne peut pas toujours disposer d'un nombre assez considérable de plants pour établir une culture étendue avec des boutures de cette dimension. Je recommanderais de laisser les plus courtes à cinq nœuds, trois sous terre et deux au pied du tuteur.

« Le choix du tuteur est partout important, les indications que donne le traité de M. de Floris sont applicables à la Guyane, en tenant compte de l'observation de M. le botaniste du Gouvernement, n° 15 du Moniteur de la Guyane du 11 avril, par laquelle il signale quelques familles de végétaux qu'il faut éviter de choisir pour tuteur, comme celle des térébinthacées à laquelle appartient le manguier, bien qu'il soit indiqué par M. de Floris. Je crois qu'il l'a signalé plutôt comme abri pour les treilles ou tonnelles, dans des lieux secs, que comme supports du vanillier.

« Je n'ai vu à la Guyane aucune vanillerie régulièrement
établie ; j'ai rencontré la plante, au contraire, dans toute la
colonie, à des expositions différentes ; elle croît surtout le long
des fleuves, où ses tiges, après s'être élevées le long des troncs
d'arbres, suivent les branches et tombent en festons au-dessus
des eaux.

« J'ai rencontré des réunions considérables de vanilliers
dans certains petits bois où le soleil pénétrait aisément, j'ai
pensé de tout cela que le vanillier de la Guyane peut venir sur
des arbres choisis, comme sur des piquets, suivant que l'atmos-
phère est plus ou moins humide et la lumière plus ou moins
vive.

« Je ne crois pas qu'on trouve un intérêt sérieux à créer des
vanilleries étendues à Saint-Laurent où le produit est trop
exposé à souffrir des pluies hivernales de la saison durant
laquelle mûrissent les gousses du vanillier ; c'est pour éviter
l'influence de cet excès d'humidité que j'ai essayé sa culture
sur une tonnelle faite en piquets de wapa, sous l'ombrage d'un
goyavier.

« Si le vanillier craint la sécheresse, il redoute aussi pour
son fruit l'excès contraire.

« Ainsi, l'année dernière, la tonnelle de vanilliers a présenté
une floraison très-belle, plus de six cents fleurs fécondées
avaient donné cinq cents et quelques gousses bien formées
lesquelles promettaient, vu l'espace occupé, 0^b05o de surface,
une bonne récolte, nous n'en avons cueilli que le tiers à
maturité, et séché que le quart.

« A ces observations de détail je n'y ajouterai rien concer-
nant la fécondation et la préparation des gousses, si ce n'est
que nous pratiquons à Saint-Laurent, dans ces deux cas, abso-
lument comme le recommande M. de Floris dans son traité.

« M. de Floris, dans un renvoi au bas de la feuille du jour-
nal, fait connaître que la fécondation artificielle de la vanille
fut découverte à la Réunion par le créole Edmond. J'ajouterai
au même titre et comme renseignement que dès 1836, M. Morren, de Liége, ayant fécondé artificiellement les fleurs du vanilla-
planifolia dans une serre du jardin de cette ville, en obtint
un grand nombre de belles capsules remplies d'une pulpe au
moins aussi parfumée que celle du Mexique. M. Morren, à

cette occasion, a même démontré par l'expérience la possibilité d'établir en Europe des vanilleries d'un bon rapport.

« J'ai vu au muséum de Paris, vers la même époque, un vanillier fleurir et produire, après fécondation artificielle, des gousses parfaites en assez grand nombre pour donner lieu à des idées spéculatives confirmant celles de M. Morren à Liége.

« Daignez agréer, Monsieur le Gouverneur, l'hommage de mon profond respect. »

« *Le Commandant supérieur,*

« MÉLINON. »

COMITÉ CENTRAL D'EXPOSITION

DE LA GUYANE.

EXTRAIT DU PROCÈS-VERBAL

DE LA SÉANCE DU 21 MAI 1874.

Le Comité central d'exposition, après la lecture de ces documents et les observations faites par quelques-uns de ses membres, sur les meilleurs tuteurs à employer pour la culture du vanillier, tels que le pois-doux, le flamboyant, le ouatier, le calebassier et le mûrier, adopte les conclusions suivantes formulées par son Président :

Le Comité,

Considérant que la culture du vanillier, déjà tentée au commencement du siècle dans la colonie, est éminemment propre aux terres humides et au climat de la Guyane ;

Que cette culture bien entendue peut contribuer à doter le pays d'un produit accessoire d'une grande valeur exportable, puisque la colonie de la Réunion a exporté pour une somme de un million cinq cent mille francs de vanilles en une année ;

Qu'elle s'accommode, en outre, par les facilités de sa culture et de sa préparation, aux circonstances que subit en ce moment la colonie dont les bras valides sont employés par l'industrie aurifère et, en faible partie, sur les habitations sucrières et vivrières : les vieillards, les femmes et les enfants pouvant s'adonner sans fatigue à ces plantations et à la préparation de la vanille ;

Considérant qu'en ce moment toute culture nouvelle ou reprise demande, pour qu'un résultat sérieux soit atteint, l'encouragement de l'Administration, et qu'en outre, dans l'espèce, en vue de propager les meilleures méthodes de plantation et de préparation, l'exemple soit donné par les fonctionnaires disséminés sur le vaste territoire de la Guyane ;

Vu les instructions ministérielles et les lettres de M. le Gouverneur invitant le Comité à étudier et à proposer les moyens d'étendre la culture du vanillier dans le pays :

Emet le vœu que la notice de M. David de Floris, les lettres de MM. Philibert Voisin, Alexfort Michély et Mélinon soient publiées en brochure pour être mises à la disposition des intéressés ;

Que l'Administration invite MM. les Commissaires-commandants des quartiers, les Chefs de service, les Commandants des pénitenciers et des brigades de gendarmerie à faire établir dans les enclos mis à leur disposition, et sur les pénitenciers par les concessionnaires, des vanillières-modèles ;

Enfin, que des primes d'encouragement soient accordées aux propriétaires des vanillières les mieux établies et aux meilleurs produits préparés.

Cayenne, le 10 juin 1874.

Le Président du Comité central d'exposition,

C. CASSÉ.

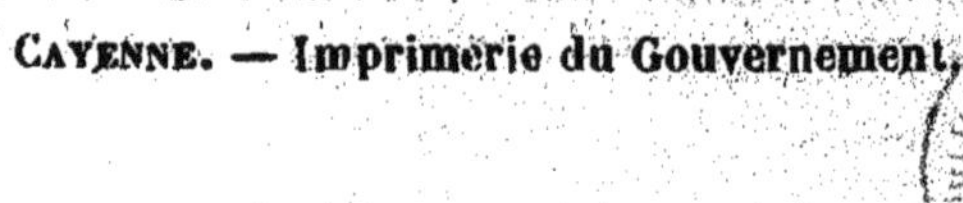

CAYENNE. — Imprimerie du Gouvernement.

www.ingramcontent.com/pod-product-compliance
Ingram Content Group UK Ltd.
Pitfield, Milton Keynes, MK11 3LW, UK
UKHW020916140726
13695UKWH00006B/2566